AF389720

CATALOGUE

DE LA

VACHERIE DE SHORTHORNS

D'OIGNIES (PAS-DE-CALAIS)

— POSTE ET TÉLÉGRAPHE —

STATION DE LIBERCOURT A 1 KILOMÈTRE

Chemin de fer de Paris à Lille (ligne du Nord)

M. DE CLERCQ, Propriétaire

AVANT-PROPOS

M. de Clercq a commencé son élevage en 1878. — Il ne sera pas sans intérêt, pour tous les véritables amateurs de Shorthorns, d'examiner l'origine des familles qui composent l'étable d'Oignies, afin de les comparer entre elles, et de voir, sans esprit de parti, les résultats que donneront celles qui semblent avoir le plus de qualités, de noblesse, de beauté, ou de rusticité, et qui paraissent s'adapter le mieux à notre climat et à nos pâturages. M. de Clercq, désireux de se rendre compte par lui-même de cette importante question et d'être fixé sur les mérites respectifs des sangs Booth et Bates, qui sont l'objet d'une si violente controverse en Angleterre, n'a pas hésité à se procurer des animaux des plus belles tribus, *dans les deux camps opposés*, qu'il conservera purs de tout croisement entre eux. Dans les Bates, il possède actuellement une Duchess (Grand Duchess of Surrey), une Oxford, 2 Red Rose, une Waterloo, 3 Wild Eyes, une Blanche, 3 Cherry Duchess, 1 Old Daisy et une Quickly. Dans les Booth, 3 Mantalini et 1 Fame. Enfin, on trouve à Oignies les tribus françaises, dont quelques-unes, telles que les Cassia, les Portia, les Miss Points, les Queen of the Roses, proviennent de la vacherie de Corbon, tandis que les Sémélé ont été achetées chez M. le marquis de Montlaur, les Beeswing chez M. Auclerc et les Norna chez M. Massé.

Toutes ces familles descendent des plus vieux sangs d'Angleterre, ainsi qu'il sera facile de le constater par les numéros d'inscription au Herd-Book anglais, des taureaux qui commencent chacune des généalogies. On y voit les noms des éleveurs les plus primitifs, tels que MM. Milbank, Maynard, Wetherel, Mason, Champion, les frères Colling, Coates, Charge, etc..., qui jouissaient d'une immense célébrité bien avant celle de MM. Bates et Booth.

4

Les Shorthorns, dont les pedigrees sont ci-joints, ont conservé le type de leurs ancêtres: ils ont un grand développement, une constitution d'une solidité à toute épreuve et nous sommes jusqu'ici tentés de croire que les mélanges entre les différentes familles, opérés en France en général, et à Corbon en particulier, ont donné des résultats remarquables dont les Anglais commencent à s'apercevoir. C'est un succès dont nous devons nous montrer fiers, et qui encouragera tous les vrais éleveurs à persévérer plus que jamais dans la voie qu'ils suivent déjà.

———————————

VACHES ET GÉNISSES

TRIBU DUCHESS (Bates)

La tribu Duchess est la plus renommée des familles Bates et certains membres de cette tribu ont atteint les plus hauts prix qui aient jamais été payés pour une bête à cornes. Après la mort de M. Bates, lorsque son troupeau fut vendu à Kirklevington le 26 juillet 1849, la Duchess 59e fut achetée 210 guinées (5,774 fr.) par Lord Ducie, ce qui était un prix considérable pour cette époque. Le 24 août 1853, lorsque les Duchess furent une seconde fois vendues à la vente de Tortworth Court, celle de ces vaches qui atteignit le plus haut prix fut Duchess 66e qui fut vendue 735 guinées (19.293 fr.) à MM. Becar et Morris, qui l'emmenèrent aux États-Unis. Vingt ans plus tard, le 10 septembre 1873, à la vente de M. Campbell à la ferme de New-York Mills, une descendante de cette Duchess 66e, appelée 8th Duchess of Geneva, fut payée 8,120 guinées ou 213,150 fr. et fut ramenée en Angleterre par M. Pavin Davies.

Mais avant que les Duchess eussent atteint ces prix fabuleux, la descendance de l'une d'elles, la Duchess 51e, vendue à la vente de 1849, forma une branche de cette famille qui fut appelée Grand Duchess et devint aussi célèbre que les Duchesses de la souche principale, d'où viennent ces Grand Duchess. Pour le prouver, on ne peut mieux faire que de traduire ce que dit le Rev. Holt Beever sur cette tribu, la plus renommée de toutes : « Cette fameuse et coûteuse branche de la famille des Duchess fut créée par MM. E. Bolden et prend son nom de Grand Duchess, rouanne, 1852 (Vol. VI, page 415), dont la mère Duchess 51e, quoique âgée de 10 ans et douteuse comme reproductrice, fut payée 1,500 fr. par M. Bolden. Ce dernier, persuadé que la consanguinité poussée au degré où il la voyait pratiquer autour de lui, était la perte de la race Shorthorn, tenta l'expérience de croiser Grand Duchess 5e avec Prince Imperial (15,095), lequel était fils de Grand Duke et de Bride Cake (cette dernière de la tribu Bliss de M. Booth). Son audace fut couronnée de succès, car le taureau Grand Duke 3ᵉ et Grand Duchess 17ᵉ, issus de ce croisement, furent considérés comme la perfection même. Cette dernière était une véritable merveille, immense, et d'une distinction absolue, avec une vraie tête de Duchess, une poitrine parfaite, un passage de sangle et des côtes irréprochables, le dos le plus droit quoiqu'elle ait en 9 veaux, dit la chronique du temps. » Sa petite-fille Grand Duchess of Surrey s'annonce aussi comme devant avoir un grand développement et de belles lignes. Elle a également la vraie tête et le cornage des Duchess.

GRAND DUCHESS OF SURREY

Rouge, très peu de blanc, née le **30** mai 1890, chez M. Woyd, à Harewoods.

	Par Duke of Waterloo 11th (57231)	J. Swinburn.
Sa mère, Grand Duchess 40th . . .	par Duke of Underly 3th (38196)	Earl of Bective.
Sa gr. m. Grand Duchess 17th . . .	par Imperial Oxford (18084)	Thorn.
Sa 2e gr. m. Grand Duchess 10th.	par Grand Duke 3th (16182)	S. E. Bolden.
Sa 3e gr. m. Grand Duchess 5th .	par Prince Imperial (15095)	id.
Sa 4e gr. m. Grand Duchess 2th .	par Grand Duke (10284)	id.
Sa 5e gr. m. Duchess 51th . . .	par Cleveland Lad (3407)	Bates.
Sa 6e gr. m. Duchess 44th . . .	par Belvedere (1706)	Stephenson.
Sa 7e gr. m. Duchess 32th . . .	par Hubbach 2nd (1423)	Bates.
Sa 8e gr. m. Duchess 19th . . .	par id id (1423)	id.
Sa 9e gr. m. Duchess 12th . . .	par The Earl (646)	id.
Sa 10e gr. m. Duchess 4th	par Ketton 2nd (710)	id.
Sa 11e gr. m. Duchess	par Comet (155)	C. Colling.
Sa 12e gr. m	par Favourite (252)	id.
Sa 13e gr. m	par Daisy Bull (186)	id.
Sa 14e gr. m	par Favourite (252)	id.
Sa 15e gr. m	par Hubbach (319)	G. Hunter.
Sa 16e gr. m	par J. Brown's Red Bull (97)	Thompson.

TRIBU OXFORD

La tribu Oxford est la plus illustre après celle des Duchess et, avant l'importation de Marchioness of Oxford 2nd, aucun membre de cette famille n'était venu en France. M. Bates, si difficile en matière de pedigree, la considérait comme telle, puisqu'il n'hésita pas à donner tout son troupeau à Cleveland Lad, fils de la 1re vache d'origine Matchem Cow, qu'il avait achetée chez M. Brown, de Chilton. Ce dernier, comme beaucoup d'éleveurs de son temps, n'inscrivait pas ses animaux au Herd-Book anglais, mais élevait des Shorthorns depuis plus de 50 ans. Si M. Bates n'avait pas connu parfaitement les ancêtres de cette vache, il n'y a aucun doute qu'il ne l'eût pas achetée et à plus forte raison ne se fût pas servi de son fils avec cette confiance. — Ses contemporains, qui le savaient jaloux de la grande réputation de M. Mason, affirment qu'il n'avait pas voulu rechercher officiellement les sources de cette généalogie, parce que cela le conduisait directement au meilleur sang Mason qu'il critiquait en toute occasion.

C'est d'Oxford II que descend toute la lignée actuelle. Les Oxford ont eu de tous temps, en Angleterre, la plus grande vogue ainsi que le témoignent les exemples suivants :

Lady Oxford 5e fut payée 600 g. (soit 15,750 fr.) par le Duc de Devonshire en 1867, et Baroness Oxford 5 (grand'mère de celle que possède M. de Clercq) 2,793 livres (soit près de 69,825 fr.) par Mr Mac Intosh en 1878. Dans toutes les ventes, les animaux de cette tribu arrivent à des prix fabuleux et invraisemblables. — Quelques éleveurs prétendent qu'à force d'alliances « in and in », ils sont devenus moins robustes. C'est ce que l'expérience nous démontrera.

MARCHIONESS OF OXFORD 2ᵈ. (Tribu OXFORD. Var. 4.)

Rouge, née le 26 février 1893, à Swansea, chez Sir Hussey Vivian Bᵗ.

	Par Grand Duke of Geneva 3ᵗʰ (49677).	Leney et Son.
Sa mère, Marchioness of Oxford . .	par Duke of Cornwall 3ᵗʰ (44665).	
Sa gr. m. Baroness Oxford 5ᵗʰ. . .	par Duke of Wetherby 5ᵗʰ (34033)	Cᵗᵉ Gunter.
Sa 2ᵉ gr. m. Baroness Oxford. .	par Duke of Claro (21576).	id.
Sa 3ᵉ gr. m. Lady Oxford 5ᵗʰ . .	par Duke of Thorndale 3ᵗʰ (17749)	Thorn.
Sa 4ᵉ gr. m. Lady Oxford 4ᵗʰ . .	par Grand Duke H (12961).	Bolden.
Sa 5ᵉ gr. m. Maid of Oxford. . .	par Lord of Eryholme (12205)	A. S. Maynard.
Sa 6ᵉ gr. m. Oxford 13ᵗʰ	par Duke of York IIIᵗʰ (10166).	Bates.
Sa 7ᵉ gr. m. Oxford 5ᵗʰ.	par Duke of Northumberland (1940).	id.
Sa 8ᵉ gr. m. Oxford H	par Short Tail (2621).	id.
Sa 9ᵉ gr. m. Matchem Cow . . .	par Matchem (2284)	Mason.
Sa 10ᵉ gr. m.	par Young Wynyard (2859)	Cᵗᵉˢˢ of Antrim.

TRIBU RED ROSE

La tribu Red Rose American, nous dit le Leading, page 195, descend de Rose of Sharon (rouge et blanche, née en 1832), qui était cousine *germaine* de Cambridge premium Rose, laquelle donna son nom à la tribu Cambridge Rose. Rose of Sharon fut achetée à M. Bates par M. Renick, qui l'importa en Amérique. — Elle n'y eut qu'une génisse, Lady of the Lake, dont descendent les 6 variétés actuelles. Elles jouissent de la plus haute réputation, tant à cause de leur grande naissance, qu'à cause de leurs qualités de distinction particulière. Elles ont un type uniforme, sont près de terre, avec de belles poitrines ouvertes et un maniement supérieur. M. Whitaker les préférait aux Duchess de M. Bates. Elles furent réimportées en Angleterre par les soins des lords Dunmore, Bective, de M⁵ Fox, etc... En 1875, à la vente de lord Dunmore, Red Rose of the Isle fut payée 2,047 g. (soit 72.108 fr.) et Red Rose of Balmoral, âgée d'un an, 1,314 g. (soit 36.280 fr.).

RED ROSE OF GLAMORGAN 8th. (Tribu RED ROSE. Var. 3.)

Rouge, née le 17 juillet 1890, à Swansea, chez Sir Hussey Vivian Bart.

		Par Waterloo de Breos (53819) . .	Sir Hussey Vivian.
Sa mère,	Sharon's Rose II	par Duke of Airdrie 24th (36460). .	A. J. Alexander.
Sa gr. m.	Sharon's Rose	par Duke of Vinewood 3th (41439) .	T. J. Mezibben.
Sa 2e gr. m.	Belle Rose Duchess II	par Duke of Airdrie 13th (36459. .	A. A. Alexander.
Sa 3e gr. m.	Belle Rose Duchess.	par Airdrie (30365)	A. Reynick.
Sa 4e gr. m.	May Flower II . . .	par Anacreon Moore (37781) . . .	id.
Sa 5e gr. m.	May Flower	par Gal Winfield Scott (12936) 895 .	A. H. B. G. Reynick.
Sa 6e gr. m.	Dorothy	par Prince Charles II (32113) . . .	G. E. O. Reynick.
Sa 7e gr. m.	Thames	par Shakespeare (12062) . . .	Ohio Company (Marcella).
Sa 8e gr. m.	Lady of the Lake. .	par Reformer (2505).	Ohio Company Wildair (R.C.I.S.).
Sa 9e gr. m.	Rose of Sharon . .	par Belvedere (1706).	Stephenson.
Sa 10e gr. m.	Red Rose 5th . . .	par 2nd Hubback (1423).	Bates.
Sa 11e gr. m.	Red Rose II	par His Grace (311)	id.
Sa 12e gr. m.	Red Rose I	par Yarborough (705)	C. Colling.
Sa 13e gr. m.	American Cow . . .	par Favourite (252)	id.
Sa 14e gr. m.		par Punch (531)	R. Colling.
Sa 15e gr. m.		par Foljambe (263)	A. Colling.
Sa 16e gr. m.		par Hubback (319).	J. Hunter.

RED ROSE D'OIGNIES.

Rouge, née le 20 janvier 1892.

Par Barming G^d Duke 2me (60292). Leney.

Sa mère, Red Rose of Glamorgan 8th. (Voir la suite ci-dessus.)

TRIBU WATERLOO

La vache Waterloo (rouge, née en 1829. Vol. I. II. III. H. B. A.) fut achetée par M. Bates, à Thorpe, dans le comté de Durham. Ce dernier affirme, dans ses notes, qu'il connaissait l'ancienne origine de cette famille, que son propriétaire et son père possédaient depuis cinquante ans : et qu'ils avaient alliée aux meilleurs taureaux de l'époque, dont le fameux Comet.

Il est certain que les Waterloo, devenus maintenant fort nombreux (12 var.), sont des animaux remarquables, qui ont le cachet le plus aristocratique, joint à une grande ampleur de formes, et ils jouissent d'une immense popularité. 10 Var. sont restées acquises au sang Bates, les Var. 11 et 12 ont été croisées avec les Booth.

Les vaches de cette tribu sont, en général, compactes, épaisses, bien suivies, très viandeuses et ont un toucher particulièrement moelleux (mellow touch). Dans la Var. 5, on trouve, entre autres, Water Maid qui fut vendue 105 g. en 1872. Lady Blithfield est une génisse de premier ordre, de l'avis unanime de tous ceux qui l'ont vue, soit aux grands concours anglais, où elle a obtenu des prix inférieurs à ses mérites, soit dans les étables d'Oignies.

LADY BLITHFIELD 6th. (Tribu WATERLOO. Var. 5.)

Roan léger, née le 13 avril 1889, à Leggars Mill, Hayle, chez M. W. Hoskens.

		Par Duke of Oxford 70th (51144)	Duke of Devonshire.
Sa mère, Lady Blithfield 2nd. . . .	par Caerry Duke (42918)	Lord Penrhyn.
Sa gr. m. Lady Clwyd	par Baron Wild Eyes (33100)	T. Barber.
Sa 2e gr. m. Water Duchess 3th.	par Oxford's Baronet (29499)	C^t Towneley.
Sa 3e gr. m. Water Duchess . .	par Grand Duke 6th (19876)	E. Bolden.
Sa 4e gr. m. Water Lass . . .	par Oxford 2nd (18507)	A. L. Maynard.
Sa 5^e gr. m. Water Maid. . . .	par Marc Antony (14895)	Barroley.
Sa 6^e gr. m. Water Witch . . .	par Squire Blanche (12130)	Wetherell.
Sa 7^e gr. m. Waterloo 10th . . .	par Duke of Northumberland 4th (3648)	Bates.
Sa 8^e gr. m. Waterloo 8th . . .	par Cleveland lad 2nd (3408)	Bates.
Sa 9^e gr. m. Waterloo 6th . . .	par Duke of Northumberland (1940).	Bates.
Sa 10^e gr. m. Waterloo 3th . . .	par Norfolk (2377).	Whitaker.
Sa 11e gr. m. Waterloo Cow . . .	par Waterloo (2816)	Stephenson.
Sa 12e gr. m.	par Waterloo (2816)	Stephenson.

1890. — 1er prix. Royal Cornwall (Truro).
— — 2e prix. Royal Society (Plymouth).

1890. — 2e prix. Somerset County (Wellington).
1891. — 4e prix et mention spéciale. Royal Society (Doncaster).

TRIBU WILD EYES

Les Wild Eyes proviennent d'une génisse sortie du bétail de M. Dobinson que M. Bates acheta en 1831 à la vente de Mr Parrington, avec plusieurs autres de cette même provenance. — Il leur fit subir de savants croisements avec ses propres animaux et commença, sur cette base, la véritable tribu des Wild Eyes. Elle s'accrut tellement par la suite qu'on la subdivisa en 12 Var. Voici ce que dit le Rev. Holt-Beaver, sur la 5e Var. dont Winsome C^{tess} 12e est issue : Wild Eyes 23e est généralement considérée comme la meilleure vache de toutes celles de cette famille. D'elle, descendent les Winsomes du Duke de Devonshire, les Wild Eyes du C^{el} Gunter, les Bright Eyes de M. Cheney et les Stars de M. Harward. Les belles Winsomes divergent de la ligne directe à partir de Crusade, un taureau appartenant à M. L. Maynard. Pour avoir Winsome II, M. Coleman donna 505 g. (soit 13,256 fr.) à la vente d'Underley (1874) et pour sa fille Winsome 9e M. Wilson donna 505 g. Pour une autre de ses filles, Winsomedale, Lord Fitzhardinge paya 650 g. (soit 17,062 fr.) et pour son veau Winsomedale II, M. Larking donna 330 g. (soit 8,662 fr.), etc. Winsome C^{tess} 12e a en outre pour arrière-grand-père maternel, l'illustre Duke of Connaught (33,604) le plus fameux taureau de son époque. — Bright Eyes et sa fille Glad Eyes, achetées cette année chez S. A. R. le Prince de Galles, appartiennent à la Var. 7. Ce sont des vaches bien développées, avec de belles lignes parallèles, de jolies têtes fines, de grands yeux saillants et vifs qui ne font pas mentir leur nom. M. Holt-Beaver nous dit qu'en 1872, neuf Lady-Worcester furent payées en moyenne 343 g. chacune, chez M. Harward. En 1875, à Dunmore, 8 autres arrivèrent à 482 g. En 1878, M. Larking donna 850 g., plus de 20,000 fr., pour la M^{ss} de Worcester, petite-fille de Clear Star. — Enfin Lady Worcester, 4e arrière-grand'mère de Rowfant Bright Eyes, fut payée par M. Holford 600 g. en 1875.

WINSOME C^ess^ 12th. (Tribu WILD EYES. Var. 5.)

Rouan foncé, née le 23 décembre 1889, à Harewoods, chez Mr Lloyd.

	Par Duke of Surrey 2nd (52783)	A. H. Lloyd.
Sa mère, Winsome C^ess^ 5th	par Duke of Airdrie 27th (41351)	A. J. Alexander.
Sa gr. m. Wisdom 3	par Duke of Connaught (33604)	Earl of Dunmore.
Sa 2e gr. m. Wisdom	par Duke of Gloucester (33653)	E. H. Cheney.
Sa 3e gr. m. Winsomedale	par Baron Oxford 4th (25580)	Duke of Devonshire.
Sa 4e gr. m. Winsome 2^d^	par Lord Oxford (20214)	M. Thorne.
Sa 5^e^ gr. m. Winsome	par Oxford 2^d^ (18507)	A. L. Maynard.
Sa 6^e^ gr. m. Beauty	par Crusade (7983)	id.
Sa 7^e^ gr. m. Bright Eyes	par Duke of York 3th (10166)	Bates.
Sa 8^e^ gr. m. Wild Eyes 23th	par Cleveland Lad 2^d^ (3408)	id.
Sa 9^e^ gr. m. Wild Eyes 9th	par Duke of Northumberland (1940)	id.
Sa 10^e^ gr. m. Wild Eyes 3th	par Belvedere (1706)	Stephenson.
Sa 11^e^ gr. m. Wild Eyes	par Emperor (1975)	Parrington.
Sa 12^e^ gr. m. Young Wildair	par Wonderful (700)	Major Rudd.
Sa 13^e^ gr. m. Wildair	par Cleveland (145)	
Sa 14e gr. m. Madcap	par Butterfly (104)	C. Colling.
Sa 15e gr. m.	par Hollon's Bull (313)	
Sa 16e gr. m.	par Mowbray's Bull (313)	
Sa 17e gr. m.	par Masterman's Bull (422)	Walker.
Sa 18e gr. m. Descendant du troupeau de M. Dobinson.		

ROWFANT BRIGHT EYES. (Tribu WILD EYES. Var. 7.)

Rouan léger, née le 17 janvier 1887, chez S. A. R. le Prince de Galles, à Sandringham.

	Par Baron Oxford 18th (50830)	Duke of Devonshire.
Sa mère, Rowfant Wild Eyes 3th . .	par Grand Duke 37th (43307)	The Earl of Bective.
Sa gr. m. Beaming Eyes 3th	par Grand Duke 23th (34063)	R. E. Oliver.
Sa 2e gr. m. Lady Worcester 4th .	par Duke of Wetherby 2d (21618)	Ct Gunter.
Sa 3e gr. m. Lady Worcester . . .	par Charleston (21400)	Duke of Devonshire.
Sa 4e gr. m. Clear Star	par Marton Duke (22307)	A. L. Maynard.
Sa 5e gr. m. Bright Star	par Red Duke (18676)	id.
Sa 6e gr. m. Bright Eyes	par Duke of York 3th (10166)	Bates.

(Voir la suite page 25.)

ROWFANT GLAD EYES. (Tribu WILD EYES. Var. 7.)

Rouge, un peu de blanc, née le 11 août 1889, chez S. A. R. le Prince de Galles, à Sandringham.

	Par Duke of Leicester 9th (58818)	T. Holford.
Sa mère, Rowfant Bright Eyes . . .	par Baron Oxford 18th (50830)	Duke of Devonshire.

(Voir la suite ci-dessus.)

TRIBU BLANCHE

La tribu Blanche est une des plus anciennes de toutes. Elle est remarquable en outre, dit le Rev. Holt-Beaver, par ses qualités laitières et sa facilité à prendre la graisse. — Red Sall dont le nom ne se trouve que le 5ᵉ dans leur généalogie, est née en 1794, chez M. Colling. — Sa 7ᵉ petite-fille Blanche fut achetée par M. Bates, chez lequel naquirent Blanche II, Blanche III, Blanche IV, Blanche V. — Cette dernière devint la propriété du Cᵗ Towneley, où elle eut Roan Dᵘᶜˢ par Whittington qui eut une immense célébrité. — La Var. 3, qui est celle de Sockburnia 7ᵉ, prend sa source à Constance, par Selim, dont une des filles May-Fly, fut vendue à la vente de Winterfold en 1872. Cette dernière et 4 autres vaches de cette famille firent une moyenne de 138 g. chacune, 10 autres Blanches arrivèrent aussi à 120 g. en 1870 à Holker. — Blanche II, élevée par M. Bates, passe pour avoir été la plus belle femelle de cette tribu, dont les descendants sont fort prisés en Angleterre à l'heure présente. — Ceux qu'il nous a été donné de voir sont des animaux de grande taille et de grand développement, ayant beaucoup de vivacité et de belles allures. Ils sont robustes et s'accommodent bien de notre climat.

SOCKBURNIA 7°. (Tribu BLANCHE BATES. Var 3.)

Rouge, peu de blanc, née le 11 mai 1883, chez M. H. Leney

		Par Royal Prince 3th (17046)	J. Leney and Son.
Sa mère, Sockburnia 4th	par Duke of Oneida (30997)	Walcott et Campbell.
Sa gr. m. Sockburnia 1th	par id. id.	id.
Sa 2° gr. m.	Cherry Blanche 3d .	par Bon Walswater (30492)	Duke of Devonshire.
Sa 3° gr. m.	Cherry Blanche II .	par Charleston (21400)	J. Harward.
Sa 4° gr. m.	Cherry Blanche . .	par Cherry Duke 4th (17552)	S. E. Bolden.
Sa 5° gr. m.	May-Fly	par Duke of Moscow (14447)	id.
Sa 6° gr. m.	Constance	par Selim (6454)	Mr Watson.
Sa 7° gr. m.	Helena	par Rex (6385)	Sir C. Tempest.
Sa 8° gr. m.	Blanche II . . .	par Norfolk (2377)	Whitaker.
Sa 9° gr. m.	Bates Blanche . .	par Belveder (1706)	J. Stephenson.
Sa 10° gr. m.	Lupin	par id.	id.
Sa 11° gr. m.	Tulip	par Lancaster (360)	R. Colling.
Sa 12° gr. m.	Ruby	par Petrarch (488)	C. Colling.
Sa 13° gr. m.	Miss Hutchinson . .	par Major (397)	id.
Sa 14° gr. m.	Stranger	par Chapman's Son of Punch (213)	H. Chapman.
Sa 15° gr. m.	Old Roany . . .	par Dickson's grand Son of Punch (213) . . .	G. Hutchinson.
Sa 16° gr. m.	Roanedheifer . . .	par Checks (132)	Wright.
Sa 17° gr. m.	Red Sall . . . . ,	par R. Grimstone's Bull (282)	C. Colling.
Sa 18° gr. m.	Sockburn Sall . .	par J. Coate's Bull (148)	id.
Sa 19° gr. m.	Old Sall	par Blackwell Bull (148)	C. Hill.
Sa 20° gr. m.	Young Sockburn . .	par Dalton Bull (148)	
Sa 21° gr. m.	Old Sockburn . . .	. . . .	

TRIBU CHERRY

Les Cherry sont de la meilleure origine, la pureté de leur sang, ainsi que l'élégance de leurs formes sont fort appréciées par les Anglais qui les considèrent comme appartenant à une tribu de la plus grande noblesse. Les femelles ont toujours été croisées avec les taureaux des plus illustres et des plus anciennes généalogies. La première Cherry (par Pirate, 2430), rouge, naquit en 1828, chez le colonel Cradock. Dans le *Leading* anglais, il est dit que Brandy Cherry (rouge, 1847, Vol. X, page 280), née chez ce juge *hors ligne*, M. Fox, et élevée par M. Bolden, était une forte concentration des meilleurs sangs, Mason, Red Rose, Old Daisy et Princess. M. Bolden augmenta encore l'intensité de ces éléments « *indispensables à tout improved Shorthorn* » en se servant de trois Grands-Ducs.

Les prix invraisemblables (pour nos bourses françaises) qu'atteignirent les animaux de cette famille, dans les ventes anglaises, prouvent que la majorité de ses descendants est exceptionnelle. Dans les Var. 3 et **4**, nous voyons Cherry Princess payée 500 g. (soit 12,500 fr.) par Lord Dunmore, en 1871 ; — sa demi-sœur Cherry Cᵉˢˢ, 410 g. par M. Sheldon ; Cherry Queen, fille de la première, 680 g. à la vente de M. Larking en 1878, et sa fille Cherry Dᵉˢˢ d'Hillhurst, âgée d'un an, 905 g. par le Duc de Devonshire ; Cherry Dᵉˢˢ 13ᵉ, 555 g. ; Cherry Dᵉˢˢ 14ᵉ, 755 g. ; Cherry Dᵉˢˢ 20ᵉ, ayant moins d'un an, 505 g. ; Cherry Grand Dᵉˢˢ 1,800 g., etc. — Nous espérons pouvoir dire bientôt, que les Cherry Dᵉˢˢ ne s'éteindront pas en France, puisque nous en possédons déjà 3 spécimens.

BARMING CHERRY DUCHESS. (Tribu CHERRY. Var. 4e.)

Rouge, née le 15 janvier 1888, chez M. H. Leney.

	Par Rowfant Grand Duke (52014).	Sir C. Lampson.
Sa mère, Cherry Ripe	par Rowfant Duke of Goncester II (18610). . .	id.
Sa gr. m. Cherry Duchess Brailes III.	par Duke of Rothsay (36534).	Earl of Dunmore.
Sa 2e gr. m. Cherry D^{ess} 22th . .	par Grand Duke 11th (21849).	J. Hegan.
Sa 3e gr. m. Cherry D^{ess} 11th . .	par Duke of Geneva (19614).	J. O. Sheldon.
Sa 4^e gr. m. Cherry D^{ess} 6th . .	par Grand Duke III (16182)	Mr Bolden.
Sa 5^e gr. m. Cherry D^{ess} 3th . . .	par Grand Duke II (12964)	id.
Sa 6^e gr. m. Cherry D^{ess} II . . .	par Grand Duke (10284).	Mr Bates.
Sa 7^e gr. m. Brandy Cherry. . .	par Sheldon (8557).	Mr Sax.
Sa 8^e gr. m. C^{el} Cradock's Gainford Cherry . . .	par Colonel (5428)	W. Raine.
Sa 9^e gr. m. Cherry Brandy. . .	par Thorpe (2757)	id.
Sa 10e gr. m. Old Cherry	par Pirate (2430)	C^{el} Cradock.
Sa 11e gr. m	par Haughton (318)	Mason.
Sa 12e gr. m	par Marshall Blucher (16)	Wright.
Sa 13e gr. m	*Sortie* du troupeau de M. Wright et Charge. . . .	

1er prix. Concours de Tunbridge-Wells. 1889.

CHERRY DUCHESS D'OIGNIES

Rouan léger, née le 11 août 1890.

Par Waterloo Victor . . . . H. Leney.
Sa mère, Barming Cherry Duchess.   par Rowfant Grand Duke (52014). . . . . . . Sir. C. Lampson.
(Voir la suite, page 35.)

Prix supplémentaire. – Concours régional de Versailles, 1891.

CHERRY DUCHESS DE LIBERCOURT

Rouge, née le 1er octobre 1891.

Son père, Papillon, 15313. . . . . Cesse d'Armaillé.
Sa mère, Barming Cherry Duchess.   par Rowfant Grand Duke (52014). . . . . . . Sir C. Lampson.
(Voir la suite, page 35.)

OLD DAISY

En dehors de leur ancienneté et de leur noblesse, qui sont reconnues de tous, les Old Daisy se recommandent par des qualités laitières tout à fait hors ligne. Cela n'est pas sans offrir un grand intérêt, puisque les ennemis de la race Shorthorn lui reprochent de n'être apte qu'à l'engraissement. C'est là une grave erreur, contre laquelle protestent de nombreux exemples, dont nous vérifions chaque jour l'exactitude.

Quoi qu'il en soit, il est avéré que Red Daisy par Major (389), élevée chez M. Whitaker, était la laitière la plus extraordinaire qu'on pût voir. Blush par Prince Henry (18,608) était la vache favorite de M. Priestley.

Elle eut 18 veaux vivants en 14 ans. Ses enfants firent les prix les plus élevés à la vente de Peneraycourt en 1879; Charming Blush, une petite-fille de Donna (qui est elle-même arrière-grand'mère de Maindiff Daisy), dépassa 9,000 fr.; son veau, 1,300 fr.; Barmpton Blush, 7,000 fr. et Morning Blush, plus de 6,000 fr.

MAINDIFF DAISY. (Tribu OLD DAISY. Var. 1.)

Rouan léger, née le 22 août 1852, chez M. Crawshey Bailey.

	Par Helot (46492)	R. H. Masten.
Sa mère, Siddington Daisy II . . .	par Duke of Siddington II (33732)	E. Bowley.
Sa gr. m. Jessica	par The Baron (25277)	Lord Penrhyn.
Sa 2e gr. m. Jessie	par Lord Raglan (13222)	R. Bell.
Sa 3e gr. m. Donna	par Patriot (10594).	Carrington.
Sa 4e gr. m. Duchess	par Sir Frederick (8577)	Harris.
Sa 5e gr. m. Damsell	par Marquis (4386)	id.
Sa 6e gr. m. Duchess	par Mynheer (1255)	H. Berry.
Sa 7e gr. m. Dulciana	par Enchanter (244)	T. Bates.
Sa 8e gr. m. Red Daisy . . .	par Major (398)	R. Colling.
Sa 9e gr. m. Strawberry . . .	par Windsor (698).	C. Colling.
Sa 10e gr. m. Old Daisy. . . .	par Favourite (252)	id.
Sa 11e gr. m.	par Punch (531).	R. Colling.
Sa 12e gr. m.	par Hubback (319).	J. Hunter.

TRIBU QUICKLY

Cette famille sort du bétail si remarquable et si estimé de Sir Charles Knightley et forme 2 Var. distinctes, les Furbelow et les Erigones. Elle prend sa source à Valuable (par Defender, 194) des Old Daisy (vol. I, II, III, p. 776). Cold Cream, la 7me grand'mère de Selina, « une laitière rare », dit la Chronique, fut achetée, pour la Reine d'Angleterre en 1856, 100 g. Cette tribu est devenue depuis fort distinguée : plusieurs des bêtes qui en descendent ont été exhibées avec succès dans le troupeau de Sa Majesté. M. Mac Intosh vendit Lady Knightley (une petite-fille de Cold Cream) 500 g. en Amérique, après qu'elle eut obtenu le 1er prix des génisses au Royal Show d'Oxford. Elle y fut revendue 620 g. et ses deux filles furent payées 1,000 et 800 g. à une grande vente en 1873. (Circulaire de Thornton, vol. I, p. 139.) — Violet par Petrarch (488) était l'arrière-grand'mère de Lottery (1280), le fameux taureau de M. R. Stratton.

SELINA (Tribu Quickly Furbelow).

Roman Riche, née le 1er avril 1888, chez Lord Moreton.

	Son père Baron Oxford 16th (49000).	Duke of Devonshire.
Sa mère, Sabrina	par Oxford's prince (34998)	R. P. Davies.
Sa gr. m. Severn Knightley	par Severn Lad (29959)	C' Kingscote.
Sa 2e gr. m. Lady Knightley 4th .	par Duke of Geneva (23753)	O. Sheldon.
Sa 3e gr. m. Dew Drop	par Prince of Saxe Cobourg (20576) . . .	H. M. The Queen.
Sa 4e gr. m. Duchess	par Duke of Cambridge (12742)	E. S. Bolden.
Sa 5e gr. m. Cold Cream . . .	par Earl of Dublin (10178)	Stephenson.
Sa 6e gr. m. Pansy	par Grey Friar (9172)	Ch. Knightley.
Sa 7e gr. m. Freckle . . .	par Fawsley (6004)	id.
Sa 8e gr. m. Furbelow . . .	par Little John (4232)	Ch. Arbuthnot.
Sa 9e gr. m. Erato	par Marcellus (2260)	id.
Sa 10e gr. m. Beatrice . . .	par Caliph (1774)	Robertson.
Sa 11e gr. m. Quickly	par Swing (2721)	C. Knightley.
Sa 12e gr. m. A la Mode . . .	par Argus (759)	B. Booth.
Sa 13e gr. m. Valuable . . .	par Defender (191)	Major Bower.
Sa 14e gr. m. Violet	par Petrarch (488)	C. Colling.
Sa 15e gr. m.	par Own brother to R. Colling's White heifer.	
Sa 16e gr. m.	par Butterfly (104)	C. Colling.
Sa 17e gr. m.	par Globe (278)	

TRIBU MANTALINI

La tribu Mantalini, dit le Leading anglais, est la plus ancienne des tribus Booth. Elle est d'un caractère remarquablement distingué, de premier choix, et on la tient partout en grande faveur. Elle tire son nom de Mantalini rouanne (1839), vol. 5, p. 433 (la gagnante à 4 ans de 12 prix de première classe dans les grands concours anglais). Mais elle remonte à des temps bien plus reculés, puisque M. Carr, l'historien du troupeau de M. Booth, nous prouve que Sylph, par Remus, était une concentration du sang de Favourite (252). — Lady Pigot paya 12,500 fr. à M. Barnes, Victoria, fille de Britannia, par Hopewell (10332). — Beaucoup de sujets de cette famille arrivent à de hauts prix dans les ventes en Angleterre — Espérons qu'elle sera bientôt répandue en France, grâce à Victoria Stately et à Victoria Superb.

VICTORIA STATELY (Tribu MANTALINI. Var. 1. BOOTH).

Rouge et blanche, née le 6 octobre 1888, chez M. R. Pinder.

	Par lord Mowbray (53177).	T. C. Booth.
Sa mère, Victoria Rubra.	par Burghley (36296).	Exec. of W. Torr.
Sa gr. m. Victoria Pulcherima.	par Bythis (25700).	Lady Pigot.
Sa 2e gr. m. Victoria Pulchra.	par Charles-le-Beau (23542).	id.
Sa 3e gr. m. Victoria Rubiconda.	par Ravenspur (20628).	R. Booth.
Sa 4e gr. m. Victoria Regia.	par British Prince (14197).	id.
Sa 5e gr. m. Victoria	par Hopewell (10332).	id.
Sa 6e gr. m. Britannia.	par Albion (7774).	M. Barnes.
Sa 7e gr. m. Miliner	par Lord Stanley (4269).	Earl of Carlisle.
Sa 8e gr. m. M. Booth's Mantalini	par Marcus (2262).	J. Booth.
Sa 9e gr. m. Maiden.	par Matchem (2281).	Mason.
Sa 10e gr. m. Lady.	par Alderman (1622).	J. Booth.
Sa 11e gr. m. Lady Mowbray.	par Pilot (496).	R. Colling.
Sa 12e gr. m. Sylph	par Remus (550).	Wright.
Sa 13e gr. m. Matilda.	par Sir Charles (592).	id.
Sa 14e gr. m. Alpine.	par Colling's Son of Favourite (252).	
Sa 15e gr. m. Young Strawberry	par id. id. id.	
Sa 16e gr. m. Strawberry		

VICTORIA SUPERB (MANTALINI BOOTH)

Rouanne, née le 23 avril 1889, chez M. R. Pauder.

	Par lord Mowbray (53177).	T. C. Booth.
Sa mère, Victoria-la-Grande. . . .	par M. C. (31898)	J. B. Booth.
Sa gr. m. Victoria-la-Belle	par Opoponax (34960)	Lady Pigot.
Sa 2ᵉ gr. m. Victoria Pulcherima,	par Bythis (25700).	id.

(Voir la suite page 49.)

VICTORIA-MAGNIFICA

Rouanne, née le 22 janvier 1892.

	Par Jupiter (Bull. 80).	de Clercq.
Sa mère, Victoria Stately.	par lord Mowbray (53177).	T. C. Booth.

(Voir la suite page 49.)

TRIBU FLORENCE-FAREWELL OR FAME

Flora, par Isaac, commence cette généalogie, dont les descendants remplirent les Shows et les journaux anglais de leurs succès. 14 Fames arrivent chacune en moyenne à 3.500 fr. à la vente de Castle Grove en 1871. 18 autres à 3.600 fr. à la vente de M. Pawlett en 1872. Clematis produisit, chez M. Carr, Dame Quickly qui eut une grande célébrité.

Il est positif que les adeptes des Booth ne veulent faire aucune alliance avec les Bates et conservent leur type, pur de tout mélange. Ils sont tout aussi intolérants que ceux du sang Bates et prétendent que leurs familles sont d'aussi noble et d'aussi ancienne origine que celles de leurs rivaux. Ils assurent que c'est M. Bates qui, par une habile réclame, faite pour rehausser un troupeau fort remarquable, tant par ses pedigrees que par sa beauté, arriva à fausser l'opinion publique et à jeter un discrédit sur les tribus qu'il ne possédait pas.

DAME MIRTHFUL (Tribu Fame or Farewell. Booth).

Rouge et blanche, née le 11 mars 1889, chez M. B. Pinder.

		Par lord Mowbray (53177)	T. C. Booth.
Sa mère, Dame Gambol	par M. C. (31898).	J. B. Booth.
Sa gr. m. Dame Lively	par Fiery Star (33914)	Lady Pigot.
Sa 2ᵉ gr. m. Dame Prim	par Constellation (28243).	id.
Sa 3ᵉ gr. m. Dame Prudence . .	par Prince of Rosedale (24837)	Reverend J. Storer.
Sa 4ᵉ gr. m. Dame Patience . . .	par Prince of the Realm (22627).	Carr.
Sa 5ᵉ gr. m. Dame Quickly . . .	par Valasco (15443)	R. Booth.
Sa 6ᵉ gr. m. Bar Maid	par British Prince (14197)	id.
Sa 7ᵉ gr. m. Baroness	par Warlaby (7813)	id.
Sa 8ᵉ gr. m. Clematis	par Clementi (3399).	Parkinson.
Sa 9ᵉ gr. m. M. Booth's Farewell.	par Young Matchem (4422)	M. Booth.
Sa 10ᵉ gr. m. Flora	par Isaac (1129).	id.
Sa 11ᵉ gr. m.	par Young Pilot (4702).	id.
Sa 12ᵉ gr. m.	par Pilot (496)	R. Colling.
Sa 13ᵉ gr. m.	par Julius Cesar (1143).	M. Booth.

TRIBU PORTIA.

La tribu Portia, dit M. Grollier, est renommée en Angleterre. Elle a d'ailleurs la plus ancienne et la plus noble origine. Elle figure au Leading page 212, où M. Holt-Beaver écrit : Portia aussi indiquée n° 2, rouanne, née en 1820, vol. I, II, III, p. 530, fut achetée par M. Maynard, à la vente du troupeau de M. Mason qui eut lieu à Chilton en 1829. — Cette tribu a eu une grande réputation à cause de la production des meilleurs taureaux d'Angleterre, d'Irlande et d'Australie qui en dépendaient. Lady Sarah, rouge rouanne, née en 1826, H. B. A., I, II, III, p. 534, fut la vache qui atteignit le plus haut prix à la vente de Chilton en 1829, où elle fut achetée par le Captain Barclay, entre les mains duquel elle produisit le célèbre taureau Monarch.

Dans les notes publiées sur les ventes des principales familles de Shorthorns, on trouve que M. Mason avait déjà perfectionné depuis longtemps son troupeau de Chilton, avant même que M. Ch. Colling eût commencé son élevage. Ceci se passait de 1760 à 1800. L'auteur ajoute : « Je n'avais jamais vu une aussi belle collection de femelles, toutes presque pareilles, avec de grandes belles charpentes, ressemblant plus à ce qu'on appelle maintenant les Booth qu'à tout autre type. Les taureaux étaient près de terre, massifs, avec des corps bien ronds et des lignes très droites. » On les laissait toujours dehors, alors même qu'ils enfonçaient jusqu'aux jarrets dans la neige. M. Wethereil, le grand éleveur qui était un juge de premier ordre, disait que la tribu Portia était la meilleure de Chilton.

Actuellement les Portia continuent bien le type de leurs illustres ancêtres. Ils sont très suivis, très distingués et, pour la finesse de la tête et des cornes, aucune autre tribu ne peut lutter avec eux. Les vaches sont des laitières exceptionnelles.

ALCINOÉ-PORTIA. — 13318.

Rouanne, née le 8 avril 1877, à Corçon,

	Son père, Naïf, 7606	Vte de Corbon.
Sa mère, Alcie, 10764	par Royal Duke, 6314	Hugh Aylmer.
Sa gr. m. Alcyonne, 4788	par Freebooter (16082)	C^{el} Towneley.
Sa 2e gr. m. Lady Amelia, 245. .	par Prince Arthur (13497)	R. Booth.
Sa 3e gr. m. Lady Annabella. . .	par Whittington (12299)	Holland.
Sa 4e gr. m. Lady Ann . . . . :	par Noble (4578)	Holmes.
Sa 5e gr. m. Lady Agnès	par Newton (2367)	Spearman.
Sa 6e gr. m. Lady Mary. . . .	par Emperor (3716)	Barclay.
Sa 7e gr. m. Lady Sarah or n° 20.	par Satellite (1420)	Robertson.
Sa 8e gr. m. Portia or n° 2 . . .	par Cato (119)	Mason.
Sa 9e gr. m.	par Jupiter (342)	id.
Sa 10e gr. m.	par George (273)	id.
Sa 11e gr. m.	par Chilton (136)	id.
Sa 12e gr. m.	par Irishman (329)	id.
Sa 13e gr. m.	par B. (45).	id.

FATMA-PORTIA.

Rouge et blanche, née le 10 mai 1885.

Sa mère, Alcinoé, 13318 . . . . . . par Naïf, 7606 . . . . id.
Son père, Wilfrid, 14038. . . . . Vte de Corbon.
Sa gr. m. Alcie, 10764 . . . . . . par Royal Duke, 6314 . . . . Hugh Aylmer.

(Voir la suite page 59.)

HÉLÈNE-PORTIA (vol. 17).

Romanne, née le 20 mai 1887.

Sa mère, Dinorah, 16766 . . . . . par Abbas, 11361 . . . . id.
Son père, Fougueux (Bull. 53), ... de Clercq.
Sa gr. m. Alcinoé, 13318 . . . . . par Naïf, 7606 . . . . Vte de Corbon.

(Voir la suite page 59.)

2e prix, 1re cat. — Concours régional, Laon, 1888.   1er prix. — Concours régional, Bar-le-Duc, 1891.
3e prix. — Concours international, Bruxelles, 1888.

IPHIGÉNIE-PORTIA (18ᵉ vol.).

Rouge et blanche, née le 2 mai 1888.

Son père, Fougueux (Bull. 53). . . . . de Clercq.
Sa mère, Dinorah, 16766 . . . . par Abbas, 11361 . . . . id.
Sa gr. m. Alcinoé, 13318 . . . . . par Naïf, 7606 . . . . Vᵗᵉ de Corbon.
(Voir la suite page 59.)

Dinorah. (1ᵉʳ prix. 2ᵉ cat. — Conc. rég. Beauvais, 1885. | 2ᵉ prix. — Conc. intern. Bruxelles, 1888.
/ 1ᵉʳ prix. 1ᵉ cat. — Conc. rég. Laon, 1888.

JEANNE-PORTIA.

Rouan foncé, née le 10 juillet 1889.

Son père, Papillon, 15313 . . . . Cᵗᵉˢˢᵉ d'Armaillé.
Sa mère, Dinorah, 16766 . . . . . par Abbas, 11361 . . . . de Clercq.
Sa gr. m. Alcinoé, 13318 . . . . . par Naïf, 7606 . . . . Vᵗᵉ de Corbon.
(Voir la suite page 59.)

1ᵉʳ prix. — Concours régional. Amiens, 1890.

KABYLIE-PORTIA.

Blanche, née le 11 février 1890.

Son père, Papillon, 15313 . . . . Cᵗᵉˢˢᵉ d'Armaillé.
Sa mère, Hélène (vol. 17). . . . . par Fougueux (Bull. 53) . . . . de Clercq.
(Voir la suite ci-dessus.)

Hélène.) 2ᵉ prix. — Concours régional. Laon, 1888. | 1ᵉʳ prix. — Concours régional. Bar-le-Duc, 1891.
/ 3ᵉ prix. — Conc. intern. Bruxelles, 1888.

TRIBU SÉMÉLÉ.

M. Holt Beaver dit, à la page 114 du Leading, que Sémélé (vol. I, II, III, H. B. A.), née en 1824, fut élevée par M. Booth et vendue à sir Ch. Knightley. La tribu Sémélé était exclusivement composée d'animaux du sang Booth, le plus illustre et le plus pur, ainsi que le prouvent les noms qui commencent sa généalogie masculine : Suworrow, Son of Suworrow, Easby, Albion, gardés spécialement par M. Booth pour son propre troupeau. A son arrivée en France, cette tribu subit le mélange habituel de sang Bates, qu'on appliquait dans les vacheries de l'État, où Viletta (H. B. A., vol. 5, p. 1065) fut placée. Elle était en 1835 chez M. Charles Knightley; elle était rouge et fut importée en 1842. Ses descendants furent gardés précieusement par les éleveurs qui eurent la bonne fortune d'en acquérir, car ils eurent les plus grands succès dans les nombreux concours régionaux où ils furent présentés. Nitocris, au M⁵ de Monthaur, obtint la grande coupe d'honneur au Concours d'animaux gras de Paris en 1868, et la quantité d'animaux de cette famille qui furent primés dans toutes les parties de la France, nous oblige à ne pas en donner les noms. Les Sémélé sont laitières et très aptes à l'engraissement. Une erreur qui, heureusement, est en décroissance, consiste à craindre le mélange des sangs Bates et Booth. A l'origine cependant, le C⁵ Towneley se servait, pour son troupeau Bates, de Jeweller, qui était un Booth, et ce croisement produisait les fameux Butterfly et Master Butterfly. M. Ambler imitait cet exemple, et M. Booth, ainsi que les éleveurs en renom de l'époque, trouvaient les plus grands avantages à l'application intelligente de ce système. Rosedale, la plus belle génisse d'Angleterre depuis Queen of May, descendait d'une vache pure Booth de M. Maynard et de divers croisements Booth, qui ne lui laissaient guère qu'un 8ᵉ de sang Bates, par le taureau Belleville. La fameuse Fame produisit, avec le taureau Bates 2ᵉ Duke of York (5959), la superbe vache Florence. Le taureau Petrarch, de M. Whitaker, avait 1 4 de sang Booth. Clementi, qui remporta tous les prix, et son frère Collard étaient demi-sang Booth par leur père (Cossak), etc. Les exemples abondent et devraient nous servir d'enseignement.

NORAH-SÉMÉLÉ. — 15583.

Rouanne, née le 11 septembre 1881, à Lyonne.

		Son père, Novalis, 11633	M⁰ de Montlaur.
Sa mère . . .	Camille (Bull. 30)	par Caladium, 10048	B⁰⁰ le Guay.
Sa gr. m. . .	Naïade (vol. 9, p. 532) . . .	par Nathaniel, 9061	M⁰ de Montlaur.
Sa 2ᵉ gr. m.	Orelia, 9675	par Octave, 6200	Tiersonnier.
Sa 3ᵉ gr. m.	Enchanteresse, 8132 . . .	par Eugène, 4271	Vᵗᵉ de Pompadour.
Sa 4ᵉ gr. m.	Némésis, 5183	par Nicolas, 2856	M⁰ de Poncins.
Sa 5ᵉ gr. m.	Kabylie, 2104	par Artaban, 23	Vᵗᵉ de Poussery.
Sa 6ᵉ gr. m.	Théorie, 1358	par Taconet, 307	Vᵗᵉ du Pin.
Sa 7ᵉ gr. m.	Symétrie, 649	par Sylph, 305	Vᵗᵉ de Poussery.
Sa 8ᵉ gr. m.	Esmeralda, 507	par Little-John (4232)	Ch. Arthburnot.
Sa 9ᵉ gr. m.	Viletta, 701	par Caliph (1774)	Robertson.
Sa 10ᵉ gr. m.	Até	par Argus (759)	R. Booth.
Sa 11ᵉ gr. m.	Sémélé	par Jerry (2151)	id.
Sa 12ᵉ gr. m.	Young Primrose	par Pilot (496)	R. Colling.
Sa 13ᵉ gr. m.	Primrose	par Rockingham (559)	Booth.
Sa 14ᵉ gr. m.	Flora	par Young Comet (157)	id.
Sa 15ᵉ gr. m.	Beauty	par Albion (14)	C. Colling.
Sa 16ᵉ gr. m.	. . . .	par Easby (232)	Booth.
Sa 17ᵉ gr. m.	Young Moss Rose	par Son of Suworrow (636)	–
Sa 18ᵉ gr. m	Moss Rose	par Suworrow (636)	R. Colling.
Sa 19ᵉ gr. m.	. . . .	par Son of Twin Brother to Ben (88) . .	Booth.
Sa 20ᵉ gr. m.	. . . .	par Twin Brother to Ben (660)	R. Colling.

1ᵉʳ prix. — Concours régional, Bourges, 1883.   3ᵉ prix. — Concours régional, Moulins, 1885.

2ᵉ prix. — Concours régional, Orléans, 1884.   1ᵉʳ prix. — Concours régional, Lyon, 1885.

TRIGONOMÉTRIE-SÉMÉLÉ (Bull. 72).

Rouge et blanche, née le 1er juin 1887, à Lyonne.

Sa mère, Namouna, 12432 . . . . .
Sa gr. m. Orélia, 9675 . . . . . .
(Voir la suite page 67.)

Son père, Tableau, 15359 . . . . Tiersonnier.
par Numa, 7638 . . . . Mis de Montlaur.
par Octave, 6200 . . . . Tiersonnier.

LARA-SÉMÉLÉ.

Rouge et blanche, née le 1er août 1891.

Sa mère, Norah, 15583 . . . . . .
(Voir la suite page 67.)

Son père, Jupiter (Bull. 80) . . . . de Clercq.
par Novalis, 11633 . . . . Mis de Montlaur.

LOETITIA-SÉMÉLÉ.

Rouge, très peu de blanc, née le 2 août 1891.

Sa mère, Trigonométrie (Bull. 72) . .
(Voir la suite ci-dessus.)

Son père, Lord Singulier (Bull. 76-77) . . . . Corbon.
par Tableau, 15359) . . . . Tiersonnier.

Lord   \Ment. honor. — Conc. génér. Paris, 1890.   1e prix. — Concours général. Paris, 1891.
Singulier. {1er prix. — Conc. régional. Amiens, 1890.   1er prix. –– Concours régional. Bar-le-Duc. 1891.

TRIBU CASSIA

« La tribu Cassia, dit l'honorable M. Grollier dans son livre sur les Shorthorns, n'existait plus en Angleterre lors de la publication du Leading de M. Holt-Beaver ; c'est pourquoi on lui a donné le nom de la vache Cassia inscrite au Herd-Book anglais (vol. II, p. 281), née chez M. Watson, de Walkeringham, le 7 mars 1843, importée à la Vacherie royale du Pin, où elle eut une nombreuse descendance. Son fils Pestalozzi, qui fit la saillie en Angleterre et dont le nom se retrouve dans d'excellentes tribus anglaises, fit partie de la même importation que Cassia et donna de très bons produits en France. »

Son origine est exclusivement *Booth* et remonte à Albion (14), Julius Cesar (1143), Jerry (2159) ; mais, selon l'usage adopté dans les vacheries de l'État, on introduisit un fort mélange de sang Bates, par les taureaux Baltic acheté chez lord Ducie, Duke of Normandy (pur Duchess) acheté chez le C^t Gunter, Earl of Worcester (pur Wild Eyes Bates) et le 3e Duke of Rowley (pur Oxford Bates). Les plus grands éleveurs reconnaissent que le mélange intelligent des deux sangs a produit des résultats merveilleux tant pour la beauté des animaux que pour leur rusticité et leur précocité. M. Carr, l'historien du troupeau de M. Booth, l'avoue et cite de nombreux exemples à l'appui. Il dit encore à propos des taureaux employés à Killerby : « Les premiers taureaux furent Twin brother-to-Ben, Suworrow, Albion, Pilot et Marshal Beresford. Albion fut acheté pour 60 guinées, alors qu'il était un veau, à la vente de Charles Colling en 1810. — Son père était fils et petit-fils de Favourite ; sa mère était par un fils de Favourite et sa grand'mère par un taureau qui était non seulement fils de Favourite, mais aussi de la demi-sœur de Favourite. Albion fit plus de bien au troupeau que n'importe lequel des taureaux primitifs. Ses enfants furent tous très suivis et près de terre. La vieille tribu des Red rose, qui est complètement éteinte du côté féminin, ne subsiste plus que dans la descendance de Julius Cesar et de Belshazzar, le premier desquels figure, ainsi qu'Albion, dans les ancêtres de Cassia. On y trouve encore Rockingham, de la tribu si renommée des Halnaby ou Strawberry, par lequel est certainement venue cette couleur rouge-jaune qui était la couleur dominante chez les premiers Shorthorns. Elle est une incontestable preuve de noblesse transmise par la première vache des Halnaby, achetée au marché de Darlington en 1797. »

M. Carr dit encore : « Un des premiers taureaux de grande marque, élevé par M. Thomas Booth et employé dans son troupeau, fut Julius Cesar, animal possédant les proportions les plus symétriques, qu'il eut le mérite d'imprimer à ses descendants à un degré surprenant. Les vaches qui lui étaient données avaient beau être de formes et d'espèces les plus différentes, tous leurs produits portaient invariablement le cachet absolu du père. Il a été remarqué que le développement des quartiers postérieurs est depuis longtemps l'apanage du troupeau de M. Booth. Les taureaux Rockingham, Sir Harry, Julius Cesar et les vaches de cette époque ne pourraient être égalés, sous ce rapport, par les Shorthorns actuels. » Raspberry est mentionné aussi comme un excellent taureau ; il fut accouplé avec la fameuse Bracelet ; le produit fut Morning-Star, acheté pour la Vacherie du Pin. Avec Lily, Raspberry eut Cactus qui fut mère de Cassia. Ce qui prouve l'excellence de cette tribu, c'est la préférence qu'on lui donna sur toutes les autres à la Vacherie de Corbon, où elle figurait pour les trois quarts dans le catalogue de vente de mars 1889.

NORMA-CASSIA. — 13326 bis.

Roanne, née le 21 Juin 1878, à la Vacherie nationale de Corbon.

		Son père, 3ᵉ Duke of Rowley, 6388	Downing.
Sa mère . .	Novilia, 9665.	par Tarquin, 4679	Vᵗᵉ de Corbon.
Sa gr. m. .	Novita, 3424	par Napoléon, 992	H. Ambler.
Sa 2ᵉ gr. m.	Ballerine, 3113. . . .	par Baltic (12431)	Cᵉˡ Cator.
Sa 3ᵉ gr. m.	Edith, 1213	par Day Break, 78	Hall.
Sa 4ᵉ gr. m.	Cassia, 466.	par Leonard (4210).	Booth.
Sa 5ᵉ gr. m.	Cactus.	par Raspberry (4875).	id.
Sa 6ᵉ gr. m.	Lily.	par Rockingham (2551)	id.
Sa 7ᵉ gr. m.	Lively.	par Jerry (2159).	id.
Sa 8ᵉ gr. m.	. . . . . .	par Julius Cesar (1143)	id.
Sa 9ᵉ gr. m.	. . . .	par Albion (14)	Ch. Colling.

REGHA-CASSIA. — 14088.

Rouge et blanche, née le 15 juin 1879, à la Vacherie nationale de Corbon.

	Par Naïf, 7606	Vte de Corbon.
Sa mère, Reghilda (9e vol., p. 333).	par Royal Duke (32374)	Hugh Aylmer.
Sa gr. m. Bathilda, 9375	par Markob, 2768	Vte de Corbon.
Sa 2e gr. m. Bathilde, 4826 . . .	par Duke of Normandy (19629)	C^{el} Gunter.
Sa 3e gr. m. Novita, 3424. . . .	par Napoléon, 992.	H. Ambler.
Sa 4e gr. m. Ballerine, 3413. . .	par Baltic (12431).	C^{el} Cator.
Sa 5e gr. m. Edith, 1213	par Day Break, 78.	Hall.
Sa 6e gr. m. Cassia, 466	par Leonard (4210)	Booth.
Sa 7e gr. m. Cactus	par Raspberry (4875)	Id.
Sa 8e gr. m. Lily	par Rockingham (2551)	Id.
Sa 9e gr. m. Lively	par Jerry (2159)	Id.
Sa 10e gr. m.	par Julius Cesar (1143)	Id.
Sa 11e gr. m.	par Albion (14).	Ch. Colling.

2e prix. — Concours régional de Saint-Omer, 1884.

RASADE-CASSIA. — 16102.

Rouge et blanche, née le 10 avril 1882, à Corbon.

	Son père, Royal Leo, 11968.	Ch. Poll Gell.
Sa mère, Wora, 14094.	par Royal Duke (32374)	Hugh Aylmer.
Sa gr. m. Worvice, 11250.	par the Earl of Worcester, 6361.	
Sa 2ᵉ gr. m. Novice, 8297. . .	par Tarquin, 4679.	Vᵗᵉ de Corbon.
Sa 3ᵉ gr. m. Novita, 3424. . . .	par Napoléon, 992.	H. Ambler.

(Voir la suite page 75.)

DINAH-CASSIA. — 16765.

Rouge et blanche, née le 25 février 1883

	Son père, Abbas, 11361	de Clercq.
Sa mère, Bathie, 14743	par Royal Duke (32374)	Hugh Aylmer.
Sa gr. m. Bathilda, 9375	par Markob, 2768.	Vᵗᵉ de Corbon.

(Voir la suite page 75.)

Abbas. — 1ᵉʳ prix. — Concours régional. Amiens, 1883.

ÉMERAUDE-CASSIA. — 16767.

Rouge et blanche, née le 11 avril 1884.

Son père, Wilfrid, 14038. . . . . Vte de Corbon.
Sa mère, Bathie, 14743. . . . . . par Royal Duke (32374) . . . . Hugh Aylmer.
Sa gr. m. Bathilda, 9375 . . . . . par Markob, 2788. . . . . Vte de Corbon.
    (Voir la suite page 75.)

1er prix supplémentaire. — Beauvais, 2e cat., 1885. | 3e prix. — Melun. — Prix d'ensemble, id., 1887.
2e prix. — Lille. — 3e cat., 1886. | 1er prix. — Concours régional. Amiens, 1890.

FELLAH-CASSIA (15e vol.).

Rouge et blanche, née le 10 mai 1885.

Son père, Wilfrid, 14038. . . . . Vte de Corbon.
Sa mère, Bathie, 14743. . . . . . par Royal Duke (32374) . . . . Hugh Aylmer.
    (Voir la suite ci-dessus.)

1er prix. — Concours régional, Melun. — 2e cat., 1887. | 1er prix. — Concours régional, Laon. — 3e cat., 1888.
Prix d'ensemble. — Concours régional, Melun, 1887. | Mention honorable. — Exposit. univers. Paris, 1889.

GIROFLÉE-CASSIA (16e vol.).

Rouge et blanche, née le 17 août 1886.

Son père, Émail (Bull. 60) . . . . de Clercq.
Sa mère, Émeraude, 16767 . . . . par Wilfrid, 14038 . . . . Vte de Corbon.
Sa gr. m. Bathie, 14743 . . . . . . par Royal Duke (32374) . . . . Hugh Aylmer.
(Voir la suite page 77.)

Mention honorable. — Concours international. Bruxelles, 1888.
Émail. { 1er prix supplém. — Conc. rég. Beauvais, 1885. | 2e prix et prix d'ensemble. -- Melun, 1887.
{ 2e prix. - Concours régional. Lille, 1886. |

BARONNE WASTIDE-CASSIA (Bull. 71).

Romanne, née le 26 mars 1887, à Corbon.

Son père, Baron Oxford 4e. 15140 . . . . . . Mac Intosh.
Sa mère. Wastaat (12e vol., p. 116). par Woodranger, 12143 . . . .
Sa gr. m. Bathilda, 9375 . . . . . par Markob, 2768 . . . . Vte de Corbon.
(Voir la suite page 75.)

1er prix. -- Concours régional. Versailles, 1891.

HÉBÉ-CASSIA (17ᵉ vol.).

Roman foncé, née le 7 juin 1887.

Son père, Émail (Bull. 60). . . . . de Clercq.
Sa mère, Cara, 16099 . . . . . . par Woodranger, 12141. . . . . Meade Waldo.
Sa gr. m. Regha, 14088 . . . . . par Naïf, 7606. . . . . Vᵗᵉ de Corbon.
    (Voir la suite page 75.)

Cara. — 3ᵉ prix. — Concours régional de Lille en 1886.
Émail. (1ᵉʳ prix supplém. — Conc. rég. Beauvais, 1885. ; 2ᵉ prix et prix d'ensemble. — Conc. rég. Melun, 1887.
    ; 2ᵉ prix. — Concours régional. Lille, 1886.

IO-CASSIA (18ᵉ vol.).

Roman léger, née le 15 janvier 1888.

Son père, Émail (Bull. 60). . . . . de Clercq.
Sa mère, Fellah (15ᵉ vol., p. 43). . . . par Wilfrid, 14048. . . . . Vᵗᵉ de Corbon.
Sa gr. m. Bathie, 14743 . . . . . . par Royal Duke (32374). . . . . Hugh Aylmer.
    (Voir la suite page 77.)

Émail.	*Fellah.*
1ᵉʳ prix supplém. — Conc. régional. Beauvais, 1885.	1ᵉʳ prix. — Concours régional. Melun, 2ᵉ cat., 1887.
2ᵉ prix. — Concours régional. Lille, 1886.	1ᵉʳ prix. — Conc. rég. Laon, 3ᵉ cat. Prix d'ens., 1888.
2ᵉ prix et prix d'ensemble. — Conc. rég. Melun, 1887.	Mention honorable. — Exposit. univers. Paris, 1889.

IDA-CASSIA (18ᵉ vol.).

Rouge et blanche, née le 2 juin 1888.

Son père, Fougueux (Bull. 52). . . . . de Clercq.
Sa mère, Regha, 14088 . . . . par Naïf, 7606. . . . . Vᶜᵉ de Corbon.
(Voir la suite page 75.)

1ᵉʳ prix. — Concours régional, Amiens, 1890.   2ᵉ prix. — Concours régional, Versailles, 1891.

DUCHESSE DE BAÏA-CASSIA (Bull. 75).

Rouan foncé, née le 5 juin 1888, à Corbon.

Son père, Duc de Victot, 15815 . . . . . . Vᶜᵉ de Corbon.
Sa mère, Bathia, 13319 . . . . . . par 3ᵉ Duke of Rowley (6388) . . . . Downing.
Sa gr. m. Bathilda, 9375 . . . . . . par Markob, 2768 . . . . Vᶜᵉ de Corbon.
(Voir la suite page 75.)

ISIS-CASSIA (18ᵉ vol.).

Rouanne, née le 2 juin 1888.

Son père, Fougueux (Bull. 52) . . . . de Clercq.
Sa mère, Cara, 16099 . . . . par Woodranger, 12143 . . . . Meade Waldo.
Sa gr. m. Regha, 14088 . . . . . par Naïf, 7606 . . . . Vᵗᵉ de Corbon.
(Voir la suite page 75.)
Cara. — 3ᵉ prix. — Concours régional. Lille. 1886.

LADY-STANCE-CASSIA (18ᵉ vol.).

Rouanne, née le 21 septembre 1888, à la Vacherie nationale de Corbon.

Son père, Lord Nestor, 16539 . . . . Vᵗᵉ de Corbon.
Sa mère . . Stella, 13329 . . . . . par Odysseus, 7645 . . . . id.
Sa gr. m. . Stellata, 12529 . . . par the Earl of Worcester, 6361 . . . . John Harward.
Sa 2ᵉ gr. m. Urania, 9753 . . . . par Tarquin, 4679 . . . . Vᵗᵉ de Corbon.
Sa 3ᵉ gr. m. Uranie, 3509 . . . . par Orion, 1848 . . . . J. Taylor.
Sa 4ᵉ gr. m. Obélie, 2148 . . . . par Oméga, 249 . . . . Vᵗᵉ de Corbon.
Sa 5ᵉ gr. m. Edith, 1213 . . . . . par Day Break, 78 . . . . Hall.
(Voir la suite page 73.)

JUNON-CASSIA.

Rouanne, née le 1ᵉʳ juin 1859.

Son père, Duc de Victot, 15815 . . . . . . Vᵗᵉ de Corbon.
Sa mère, Norma, 13326 *bis* . . . . . par 3ᵉ Duke of Rowley, 6388 . . . . Downing.
(Voir la suite page 73.)

JOCONDE-CASSIA.

Rouge et blanche, née le 10 juin 1889.

Son père, Duc de Victot, 15815 . . . . Vte de Corbon.
Sa mère, Wora, 14091 . . . . . . par Royal Duke (32374) . . . . Hugh Aylmer.
(Voir la suite page 77.)

JACINTHE-CASSIA.

Rouge, née le 25 juin 1889.

Son père, Papillon, 15313 . . . . C^{esse} d'Armaillé.
Sa mère . . Dinah, 16765 . . . . par Abbas, 11361 . . . . de Clercq.
Sa gr. m. . Bathie, 14743 . . . par Royal Duke (32374) . . . . Hugh Aylmer.
Sa 2e gr. m. Bathilda, 9375 . . . . par Markob, 2768 . . . . Vte de Corbon.
(Voir la suite page 75.)

1er prix. — Concours régional. Bar-le-Duc, 1891.

JACTANCE-CASSIA.

Rouge et blanche, née le 1 septembre 1889.

Son père, Lord Nestor, 16539 . . . . Vte de Corbon.
Sa mère, Stella, 13329 . . . . . . par Odysseus, 7645 . . . . id.
(Voir la suite page 87.)

JESSIE-CASSIA.

Rouge, quelques taches blanches, née le 10 septembre 1885.

		Son père, Papillon, 15313	C^{sse} d'Armaillé.
Sa mère . .	Émeraude, 16767 . .	par Wilfrid, 14038	Vte de Corbon.
Sa gr. m. .	Bathie, 14743 . . .	par Abbas, 11361	de Clercq.
Sa 2e gr. m.	Bathilda, 9375 . . .	par Markob, 2768	Vte de Corbon.

(Voir la suite page 75.)

Émeraude. { 1er prix suppl.— Conc. rég. Beauvais, 1885. | 3e prix.— Conc. rég. Melun. Prix d'ensemb., id., 1887.
{ 2e prix. — Conc. rég. Lille, 3e cat., 1886. | 1er prix. — Concours régional. Amiens, 1890.

JACASSE-CASSIA.

Roan vif, née le 1er novembre 1889.

		Son père, Papillon, 15313	C^{sse} d'Armaillé.
Sa mère, Rasade, 16102	par Royal Leo, 11968	Poll Gell.
Sa gr. m. Wora, 14091	par Royal Duke, 6314	Hugh Aylmer.

(Voir la suite page 77.)

JEZABEL-CASSIA.

Rouge et blanche, née le 13 novembre 1885.

| | Son père, Lord Nestor, 16539. . . . . | Vte de Corbon. |
| Sa mère, B^{onne} Wastide (Bull. 79, 17e vol.). | par Bon Oxford 4e, 15410. . . . . . . | Mac Intosh. |

(Voir la suite page 81.)

B^{onne} Wastide. — 4e prix. — Concours régional. Versailles, 1891.

KLEINE-CASSIA.

Rouge, un peu de blanc, née le 31 janvier 1890.

Sa mère, Hébé (17° vol.) . . . . .
Son père, Papillon. 15313 . . . . Ctesse d'Armaillé.
par Émail (bull. 60) . . . . de Clercq.
(Voir la suite page 83.)

KITTY-CASSIA.

Rouge et blanche, née le 2 avril 1890.

Sa mère, Hécate (17° vol.) . . . .
Sa gr. m. Rasade, 16102 . . . . .
Son père, Papillon, 15313 . . . . Ctesse d'Armaillé.
par Émail. 15212 . . . . de Clercq.
par Royal Leo, 11968 . . . . Vte de Corbon.
(Voir la suite page 77.)

KORRIGANE-CASSIA.

Rouge et blanche, née le 15 mai 1890.

Sa mère, Regha, 14088 . . . . . .
Son père, Papillon, 15313 . . . . Ctesse d'Armaillé.
par Naïf, 7606 . . . . Vte de Corbon.
(Voir la suite page 75.)

Regha. — 2° prix. — Concours régional. Saint-Omer. 1884.

KADIDJA-CASSIA.

Rouge, née le 16 juillet 1890.

Son père, Papillon, 15313 . . . . Ctesse d'Armaillé.
Sa mère, Fellah (15e vol.) . . . . . par Wilfrid, 14038 . . . . Vte de Corbon.
(Voir la suite page 79.)

Fellah. { 1er prix. — Concours régional. Melun, 1887. | Mention honor.— Exposit. univers. Paris, 1889.
{ 1er prix. — Conc. rég. et prix d'ensemble. Laon, 1888. |

KISS-CASSIA.

Rouge, née le 25 août 1890.

Son père, Papillon, 15313 . . . . Ctesse d'Armaillé.
Sa mère, Émeraude, 16757 . . . . par Wilfrid, 14038 . . . . Vte de Corbon.
(Voir la suite page 79.)

Émeraude. { 1er prix suppl. — Conc. rég. Beauvais, 1885. | 3e prix et prix d'ensemble.— Conc. rég. Melun, 1887.
{ 2e prix. — Concours régional. Lille, 1886. | 1er prix. — Concours régional. Amiens, 1890.

LAVENDER-CASSIA.

Rouanne, née le 23 avril 1891.

Son père, Jupiter (Bull. 80). . . . . de Clercq.
Sa mère, Bonne Wastide (Bull. 71). . par Bon Oxford 4e, 15110 . . . . Mac Intosh.
(Voir la suite page 81.)

Bonne Wastide. — 4e prix. — Concours régional. Versailles, 1891.

Jupiter. { 2e prix. — Concours. Paris, 1890. | 1er prix. — Concours régional. Amiens, 1890.
{ 3e prix. — Concours. Paris, 1891. | 2e prix. — Concours régional. Versailles, 1891.

LATONE-CASSIA.

Rouge et blanche, née le 28 mai 1891.

Son père, Papillon, 15313. . . . . Ctesse d'Armaillé.
Sa mère, Regha, 14088 . . . . . . par Naïf, 7606. . . . . Vte de Corbon.
(Voir, pour la suite, page 75.)

Regha. — 2ᵉ prix. — Concours régional, Saint-Omer, 1884.

LOBELIA-CASSIA.

Rouanne, née le 25 juin 1891.

Son père, Jupiter (Bull. 80) . . . . de Clercq.
Sa mère, Dinah, 16765. . . . . . . par Abbas, 14361 . . . . de Clercq.
(Voir la suite page 77.)

Jupiter. { 2ᵉ prix. – Concours de Paris, 1890. | 1ᵉʳ prix. — Concours régional, Amiens, 1890.
{ 3ᵉ prix. — Concours de Paris, 1891. | 2ᵉ prix. — Concours régional, Versailles, 1891.

LÉDA-CASSIA.

Rouanne, née le 18 juillet 1891.

Son père, Papillon, 15313. . . . . Ctesse d'Armaillé.
Sa mère, Norma, 13326 *bis*. . . . . par 3ᵉ Duke of Rowley, 6388. . . . . Downing.
(Voir, pour la suite, page 73.)

7

LALLAH-ROUKH.

Rouge et blanche, née le 25 juillet 1891.

Son père, Papillon, 15313. . . . . Ctesse d'Armaillé.
Sa mère, Émeraude, 16743. . . . . par Wilfrid, 14038. . . . . Vve de Corbon.

(Voir la suite page 79.)

Émeraude. \1^{er} prix supér. — Conc. rég. Beauvais, 1885. | 3e prix et prix d'ensemble. — Conc. rég. Melun, 1887.
/ 2e prix. — Concours régional, Lille, 1886. | 1er prix. — Concours régional, Amiens, 1890.

LAÏS-CASSIA.

Rosanne, née le 1er novembre 1891.

Son père, Jupiter (Bull. 80). . . . . de Clercq.
Sa mère, Jacinthe. . . . . par Papillon, 15313 . . . . Ctesse d'Armaillé.

(Voir la suite page 89.)

Jacinthe. — 1er prix. — Concours régional, Bar-le-Duc, 1891.

Jupiter. \2^e prix. — Concours général, Paris, 1890. | 3e prix. — Concours général, Paris, 1891.
/ 1er prix. — Concours régional, Amiens, 1890. | 2e prix. — Concours régional, Versailles, 1891.

TRIBU MISS POINTS.

La tribu Miss Points est d'ancienne origine. M. Grollier nous apprend que le portrait de Miss Points figure à la page 501 du 1er vol. du Herd-Book anglais, comme un des types les plus parfaits de Shorthorn de l'époque. Il constate que les femelles de cette famille ont conservé à l'heure qu'il est les mêmes caractères, même construction, même finesse de tête, même direction de cornes, recourbées par en bas, ce qui leur donne un cachet de distinction particulière. — Les Miss-Points sont fort laitières, malgré leur embonpoint habituel. Une note du Herd-Book français constate qu'en 1839, la vache Dorothy, quoique constamment grasse, a parfaitement allaité ses deux jumeaux. En outre, les vaches Candie, Charlotte, Agnès de Corbon, Carity d'Oignies, viennent confirmer cette remarque. — Aussi la vacherie de Corbon a gardé jusqu'à la fin un nombre considérable de représentants de cette tribu, dont la célèbre Sincère, mère du Duc de Victot, qui est devenue la propriété de M. de Clercq. Cette famille est essentiellement rustique et se contente des nourritures les plus médiocres.

HERMIONE-MISS-POINTS.

Bo=anne, née le 1er janvier 18=7.

		Par Fougueux (Bull. 52)	de Clercq.
Sa mère. . .	Carity, 16100	par Rowlia, 10569	Vte de Corbon.
Sa gr. m. . .	Carlotta (9e vol., p. 375)	par Royal Duke, 6314.	Hugh Aylmer.
Sa 2e gr. m.	Charlotte, 8023 . . .	par Markob, 2768	Vte de Corbon.
Sa 3e gr. m.	Agnès, 4786	par Duke of Normandy (19629).	C^{el} Gunter.
Sa 4e gr. m.	Danaïde, 1200. . . .	par Duchesne (10144).	Watson.
Sa 5e gr. m.	Vipère, 705.	par Va-de-bon-Cœur, 351	Vte du Pin.
Sa 6e gr. m.	Huntress, 539. . . .	par Hartforth (3986)	W. Raine.
Sa 7e gr. m.	Dorothy, 496	par Young Rockingham (2547)	R. Raine.
Sa 8e gr. m.	Miss Points junior . .	par Northern Light (1280).	Barker.
Sa 9e gr. m.	Miss Points	par Aid-de-Camp (722)	Champion.
Sa 10e gr. m.	. . . .	par Charles (127)	Mason.
Sa 11e gr. m.	. . . .	par Prince (521).	Champion.
Sa 12e gr. m.	. . . .	par Neswick (1266).	Grimstone.

Carity. — 1er prix. — Concours régional, Beauvais, 1885.

LADY-SYNCOPE-MISS-POINTS (Bull. 75. 18ᵉ vol.).

Rouge et blanche, née le 8 avril 1888, à Corbou.

		Son père. Lord Nestor, 16539	Vᵗᵉ de Corbou.
Sa mère . .	Lady Sydney (16ᵉ vol.. p 207)	par Lord of the Lilies, 15278.	Lord Fitz Harding.
Sa gr. m. .	Suavita, 15470	par Royal Leo, 11968.	Pole gell.
Sa 2ᵉ gr. m.	Balsamine, 12176. . .	par Royal Duke, 32374	Hugh Aylmer.
Sa 3ᵉ gr. m.	Ballade, 7937	par Markob, 2768	Vᵗᵉ de Corbou.
Sa 4ᵉ gr. m.	Bas-Bleu, 3118. . . .	par Baltic, 12431 . . .	Cᵗᵉ Cator.
Sa 5ᵉ gr. m.	Dorine, 2054	par Duchesne (10141).	Watson.
Sa 6ᵉ gr. m.	Thomyris, 668	par Tinker (8710)	Lord Spencer.
Sa 7ᵉ gr. m.	Huntress, 539	par Hartforth (3986)	W. Raine.

(Voir la suite page 103.)

LAPONNE-MISS-POINTS.

Rouge, très peu de blanc, née le 25 août 1891.

	Son père, Japon (Bull. 80)	de Clercq.
Sa mère, Hermione	par Fongueux (Bull. 52)	Id.

(Voir la suite page 103.)

Japon. — 6ᵉ prix. - Paris, 1891. | 2ᵉ prix. -- Concours régional, Bar-le-Duc, 1891.

TRIBU NORNA.

La famille Norna est de vieille origine. Elle provient du bétail de M. Maynard, d'Eryholme, qui précéda M. Colling dans l'élevage des Shorthorns. Rosamund est inscrite au 5e vol. du H.-B. A., p. 884, comme provenant de la vache Osmunda, née chez M. Maynard, de Burley. La vache Sweet-Brieer. 6906, née chez le Duc de Montrose le 3 juillet 1862, fut importée en France, et M. Massé conserva le plus grand nombre des femelles de cette tribu, dont les ancêtres masculins sont parmi les plus anciens et les plus renommés.

EVE-NORNA (vol. 14. p. 149).

Rouan foncé, née le 10 mai 1884.

Sa mère, Nina, 15578	Son père, Escamoteur, 12885	Larzat.
Sa gr. m. Galba, 13460	par Noble-Oasis, 7629	Tiersonnier.
Sa 2ᵉ gr. m. Glaneuse, 10948	par Vert-Vert, 9330	Massé.
Sa 3ᵉ gr. m. Glycine, 9547	par Benazet, 7166	
Sa 4ᵉ gr. m. Georgette, 6696	par Dauphin, 4459	Cᵗᵉ d'Andigné.
Sa 5ᵉ gr. m. Sweet-Brier, 6906	par Nepaul, 1789	Vᵗᵉ de Corbon.
Sa 6ᵉ gr. m. Mossrose of Bonhill	par Victor Royal (21028)	Duke of Montrose.
Sa 7ᵉ gr. m. Norma 2ᵉ	par Booth (14180)	Turnbull.
Sa 8ᵉ gr. m. Norna	par Nobbie Noble (11581)	Douglas.
Sa 9ᵉ gr. m. Flora	par Flying-Dutchmann (10236)	Cᵉˡ Cradock.
Sa 10ᵉ gr. m. Rosamund	par Roderick Random (10751)	Turnbull.
Sa 11ᵉ gr. m. Osmunda	par Velocipede (5552)	Maynard.
Sa 12ᵉ gr. m.	par Burley (1766)	J. C. Maynard.
Sa 13ᵉ gr. m.	par Sir Alexander (591)	id.
Sa 14ᵉ gr. m. Provenant de chez M. Maynard.	par Marske (418)	R. Colling.

3ᵉ prix. — Bourges. — 2ᵉ cat., 1886.
1ᵉʳ prix. — Limoges, 1886.
1ᵉʳ prix. — Nevers. — 3ᵉ cat., 1887.

Rappel, 1ᵉʳ prix à Grenoble et prix d'ensemble, 1887.
1ᵉʳ prix. — Châteauroux. — 1ᵉ cat., 1888.
Exposit. universelle. — Paris (prix supplém.), 1889.

LOVE-NORNA.

Roman riche, née le 20 juin 1891

Son père. Jupiter (Bull. 80). . . . . de Clercq.
Sa mère, Ève (vol. 14, p. 149). . . par Escamoteur, 12885. . . . . Larzat.

(Voir la suite page 109.)

Ève. . . .
| 3ᵉ prix. — Bourges, 1886. | 1ᵉʳ prix. — Limoges, 1886. |
| 1ᵉʳ prix. — Nevers, 1887. | Rappel et prix d'ensemble. — Grenoble, 1887. |
| 1ᵉʳ prix. — Châteauroux, 1888. |
| Prix supplémentaire. — Paris. Exposition universelle, 1889. |

Jupiter.
| 2ᵉ prix. – Concours. Paris, 1890. | 1ᵉʳ prix. — Concours régional. Amiens, 1890. |
| 3ᵉ prix. — Concours. Paris, 1891. | 2ᵉ prix. — Concours régional. Versailles, 1891. |

TRIBU QUEEN OF THE ROSES.

Cette tribu est inscrite au Leading de M. Holt-Beaver, page 205. Elle prit naissance chez M. Thomas Chrisp, de Hawkhill, qui faisait de l'élevage depuis de longues années. Une de ses vaches les plus renommées fut Princess, fille de St-Albans (2584), petite-fille par sa mère du fameux Lawnsleeves. La fille de Lawnsleeves, achetée chez M. Henderson, donna 12 veaux en 15 ans. Le premier troupeau des Chrisp fut vendu en 1839. M. Thomas Chrisp en conserva une partie pour former un nouveau troupeau qui fut dispersé à son tour en 1857. M. Chrisp était ami intime de M. Bates, et tous deux faisaient le plus grand cas du sang de Princess. Il se servit du taureau Refiner (10695), un pur Bates Wild Eyes, et de Phœnix (10608), descendant des célèbres Duchess de M. Curry. Camelia, rouanne, 1180, vol. 13, page 397. H. B. A., née en 1855 et placée à la ferme impériale de Fouilleuse, nous apporta en France cette famille précieuse que l'on conserva jusqu'au bout dans les vacheries de l'État, et dont une des qualités est d'être très laitière.

SAÏDA QUEEN OF THE ROSES. — 15468.

Rouan léger, née le 8 avril 1881, à Corbon.

Son père. Windsor Vice-Roy, 12141 . . .

Sa mère. .	Andromède, 10722 . . .	par Royal Duke (32374).	Aylmer.
Sa gr. m. .	Cassiope, 4884	par Mentor, 2777	V⁰ de Pompadour.
Sa 2ᵉ gr. m.	Camelia, 1180	par Refiner (10695)	Bates.
Sa 3ᵉ gr. m.	Cowslip	par Phœnix (10608)	T. Chrisp.
Sa 4ᵉ gr. m.	Princess.	par Regent (2517)	Crofton.
Sa 5ᵉ gr. m.	Queen of Trumps	par Brougham (1746).	T. Chrisp.
Sa 6ᵉ gr. m.	Duchess of Saint-Albans .	par Saint-Albans (2584).	Wood.
Sa 7ᵉ gr. m.		par Lawnsleeves (365)	O.
Sa 8ᵉ gr. m.	Élevée par M. Henderson, et née chez M. James Stamford.		

TRIBU BEESWING.

La tribu Beeswing est trop connue en France pour qu'il soit nécessaire d'en parler longuement. Les premiers éleveurs de Shorthorns la propagèrent de tous côtés, en raison de ses grandes qualités qui lui valurent de nombreux succès dans les concours régionaux. M. du Buat entre autres s'y attacha spécialement et croisa constamment entre eux les membres de cette famille qui avait été importée à la Vacherie impériale du Pin par les soins du Gouvernement. La vache Beeswing, rouge et blanche, née en janvier 1839 chez M. J. Emmerson, d'Eryholme, fut la souche d'une nombreuse postérité, et l'on est assuré maintenant que la tribu Beeswing ne disparaîtra plus.

CATHERINE-BEESWING.

Roban foncé, née le 14 juillet 1887, à la Celle-Bruère.

	Son père, Domino, 14446.	Tiersonnier.
Sa mère . . .	Nymphe, 16058 . .	par Novalis, 11833	M⁹ de Montlaur,
Sa gr. m. . .	Victoria, 14053 . .	par Sancho, 6328	Tiersonnier,
Sa 2ᵉ gr. m.	Véline, 11223. . .	par Verdier, 4729	Vᵗᵉ de la Blotais.
Sa 3ᵉ gr. m.	Cendrillon, 8022 bis.	par Curtius, 4118	Cᵗᵉ du Buat.
Sa 4ᵉ gr. m.	Comète, 4905 . .	par Canopus, 2431	Vᵗᵉ de Corbon.
Sa 5ᵉ gr. m.	Violette, 1388. . .	par Victor, 377	Cᵗᵉ du Buat.
Sa 6ᵉ gr. m.	Babet, 449 .	par Agricola, 6	Vᵗᵉ du Pin.
Sa 7ᵉ gr. m.	Prima, 618	par Hartforth (3986)	Raine.
Sa 8ᵉ gr. m.	Beeswing (451) . .	par Belvedere II (3126).	Stephenson.
Sa 9ᵉ gr. m.	. . . .	par A son of Waterloo (2816)	id.
Sa 10ᵉ gr. m.	. . . .	par Waterloo (2816)	Stephenson.
Sa 11ᵉ gr. m.	. . . .	par Borodino (3192)	id.
Sa 12ᵉ gr. m.	. . . .	par Blücher (1725).	J. Stephenson.

4ᵉ prix, 2ᵉ cat. — Exposition universelle, Paris, 1889. 1ᵉʳ prix. — Concours régional d'Amiens, 1890.

Nymphe. { 2ᵉ prix. — Concours régional de Bourges en 1886.
{ 2ᵉ prix. — Concours régional de Nevers en 1880.
{ 1ᵉʳ prix. — Concours régional de Tours en 1881.

Domino. — 1ᵉʳ prix. — Concours régional de Bourges en 1886.

RÉFÉRENCES DES TAUREAUX

EN SERVICE A LA VACHERIE D'OIGNIES

LÉOTARD. — 11739 (Tribu Grizel).

Rouge, né chez M. Lacour, à Saint-Fargeau (Yonne), le 27 avril 1877.

Son père, Columbo, 7302.
Sa mère, Léonie, 8224.

3ᵉ prix, 1ʳᵉ section. — Exposition universelle de 1878, à Paris.

ABBAS. — 11361 (Tribu Fisher).

Roman, né à Oignies, le 1ᵉʳ septembre 1879.

Son père, Léotard, 11739. — 3ᵉ prix : Exposition universelle, Paris, 1878.
Sa mère, Blanche-Belle, 9373. — Mention honorable : Exposition universelle, Paris, 1888.

1ʳᵉ prix, 4ᵉ section. — Concours régional d'Amiens en 1883.

WILFRID. — 14038 (Tribu Miss Points).

Rouge et blanc, né à Corbon, le 4 avril 1882.

Son père, Windsor's Vice-Roy, 12141.
Sa mère, Reynita (vol. 9., p. 565).

ÉMAIL. — 15212 (Tribu Portia).

Rouan, né à Oignies, le 12 juin 1884.

Son père, Wilfrid, 14038.
Sa mère, Alcinoé, 13318.

Prix supplémentaire. — Concours régional de Beauvais, 1885. 1re section.
2e prix. — Concours régional de Lille, 1886. 2e section.
2e prix et prix d'ensemble. — Concours régional de Melun, 1887. 3e section.

FOUGUEUX. — 15826 (Tribu Cassia).

Rouge et blanc, né à Oignies, le 6 février 1885.

Son père, Wilfrid, 14038.
Sa mère, Rasade, 16102.

PAPILLON (Tribu Gwynne-Princess). — 15313.

		Son père, Papillon, 13033.	Cte du Buat.
Sa mère.	Raquette, 12486.	par Guignon, 8946.	id.
Sa gr. m	Reine-des-Prés, 11133.	par Dathan, 5888	id.
Sa 2ᵉ gr. m.	Rédowa, 6873.	par O'Connel, 2880.	id.
Sa 3ᵉ gr. m.	Rosette, 3486	par Compère, 1582	Mis de la Tullaye.
Sa 4ᵉ gr. m.	Bérésina, 1991	par Baltic, 849 (12431).	C^el Cator.
Sa 5ᵉ gr. m.	Dorcas, 1207	par the Beau (12182).	Harvey Combe.
Sa 6ᵉ gr. m.	Lord Ducie's Delight	par Duke of Cornwal (5947)	Harrisson.
Sa 7ᵉ gr. m.	Destiny.	par prince Ernest (4818)	Lord Lonsdale.
Sa 8ᵉ gr. m.	Dido.	par Wallace (5586).	(O.).
Sa 9ᵉ gr. m.	Dairy Maid	par Wellington (2824)	Jobling.
Sa 10ᵉ gr. m.	Dorothy	par Marmion (406).	Seymour.
Sa 11ᵉ gr. m.	Daphne.	par Merlin (430).	id.
Sa 12ᵉ gr. m.	Nelly Gwynne	par Layton (366).	(O.).
Sa 13ᵉ gr. m.	Old nell Gwynne.	par Phenomenon (491)	R. Colling.
Sa 14ᵉ gr. m.	Princess	par Favourite (252)	C. Colling.
Sa 15ᵉ gr. m.		par Hubback (319).	John Hunter.
Sa 16ᵉ gr. m.		par M. Snowdon's Bull (612).	Snowdon.
Sa 17ᵉ gr. m.		par M. Waistell's Bull (669).	Waistell.
Sa 18ᵉ gr. m.		par M. Masterman's Bull (422).	Walker.
Sa 19ᵉ gr. m.		par the Studley Bull (626)	Sharter.

3ᵉ prix, 3ᵉ section. — Concours régional de Laon, 1888.
Mention honorable et mention honorable d'ensemble. — Concours international de Bruxelles, 1888.

LORD SINGULIER-MISS POINTS (Bull. 76-77).

Rouan, né à Corbon, le 22 août 1888.

Par Sincère, 14749, et Lord Nestor, 16539.

Mention honorable. — Concours Paris, 1890. | 1er prix. — Concours régional, Amiens, 1890.
4e prix. — Concours Paris, 1891. | 1er prix. — Concours régional, Bar-le-Duc, 1891.

JUPITER-CASSIA (Bull. 80).

Rouan, foncé, né le 14 mai 1889.

Par Regha, 14088, et Papillon-Gwynne, 15313.

2e prix. — Concours général, Paris, 1890. | 1er prix. — Concours régional, Amiens, 1890.
3e prix. — Concours général, Paris, 1891. | 2e prix. — Concours régional, Versailles, 1891.

JAPON-CASSIA (Bull. 80).

Rouge, né le 14 mai 1889.

Par Fellah, 15e vol., et Papillon-Gwynne, 15313.

6e prix. — Concours général, Paris, 1891. | 2e prix. — Concours régional, Bar-le-Duc, 1891.

9

DUKE OF TREGUNTER 11ᵉ

Rouge et blanc, né le 18 mars 1891, chez le Cᵗᵉ Gunter, Wetherby Grange, York-hire.

		Par Duke Robert (57236)	Cᵗᵉ Gunter.
Sa mère	Duchess 126ᵉ	par Duke Blanche (47705)	Cᵗᵉ Gunter.
Sa gr. m.	Duchess 119ᵉ	par Cherry Duke 2ᵉ (28170)	Lord Perhyn.
Sa 2ᵉ gr. m.	Duchess 111ᵉ	par Duke of Barrington 2ᵉ (30922	J. Sheldon.
Sa 3ᵉ gr. m.	Duchess 109ᵉ	par Duke of Claro II (21576)	Capt. Gunter.
Sa 4ᵉ gr. m.	Duchess 100ᵉ	par 3ᵈ Duke of Wharfdale (21619)	id.
Sa 5ᵉ gr. m.	Duchess 87ᵉ	par Duke of York 7ᵉ (17751)	id.
Sa 6ᵉ gr. m.	Duchess 80ᵉ	par Grand Duke of Oxford (16184)	id.
Sa 7ᵉ gr. m.	Duchess 72ᵉ	par Duke of Oxford 4ᵉ (11387)	Earl of Ducie.
Sa 8ᵉ gr. m.	Duchess 67ᵉ	par Usurer (9763)	Mʳ Hall.
Sa 9ᵉ gr. m.	Duchess 59ᵉ	par Duke of Oxford II (9046)	Mʳ Bates.
Sa 10ᵉ gr. m.	Duchess 56ᵉ	par Duke of Northumberland II (3646)	id.
Sa 11ᵉ gr. m.	Duchess 51ᵉ	par Cleveland Lad (3407)	id.
Sa 12ᵉ gr. m.	Duchess 44ᵉ	par Belvedere (1706)	Stephenson.
Sa 13ᵉ gr. m.	Duchess 32ᵉ	par Hubback II (1423)	T. Bates.
Sa 14ᵉ gr. m.	Duchess 19ᵉ	par id.	id.
Sa 15ᵉ gr. m.	Duchess 12ᵉ	par The Earl (646)	id.
Sa 16ᵉ gr. m.	Duchess 4ᵉ	par Ketton II (710)	id.
Sa 17ᵉ gr. m.	Duchess 1ʳᵉ	par Comet (155)	Ch. Colling.
Sa 18ᵉ gr. m.		par Favourite (252)	id.
Sa 19ᵉ gr. m.		par Daisy Bull (186)	id.
Sa 20ᵉ gr. m.		par Favourite (252)	id.
Sa 21ᵉ gr. m.		par Hubback (319)	Mʳ Hunter.
Sa 22ᵉ gr. m.		par J. Brown's Old red Bull (97)	Mʳ Thompson.

CAMBRIDGE DUKE 31ᵉ.

Rouge, né le 22 mai 1899, appartenant au Syndicat, loué par M. de Clercq pour 1901.

	Son père Duke of Stroxton 2ᵉ (55632) . .	Mʳ C. R. Lynn.
1 d. Red Rose 12ᵉ	par Oxford Duke (45297)	Mʳ E. Holden.
2 d. Red Rose 9ᵉ	par 9ᵉ Duke of Geneva (28391) . . .	Mʳ J. O. Sheldon.
3 d. Red Rose 6ᵉ	par Cambridge Duke 4ᵗʰ (25706) . . .	Mʳ C. Leney (U. S. A.).
4 d. Red Rose 5ᵉ	par Grand Duke 4ᵗʰ (19874)	Mʳ S. E. Bolden.
5 d. Red Rose 3ᵉ	par Englishman (19701)	Mʳ Jonas Webb.
6 d. Red Rose	par Marmaduke (11897)	Mʳ Tanquary.
7 d. The Beauty	par Puritan (9523)	Earl Ducie.
8 d. Cambridge Rose 6ᵗʰ	par 3ᵉ Duke of York (10166)	Mʳ Thos Bates.
9 d. Cambridge Rose 5ᵗʰ	par 2ᵉ Cleveland Lad (3408)	id.
10 d. Cambridge Rose 2ⁿᵈ	par Belvedere (1706)	Mʳ Stephenson.
11 d. Cambridge Premium Rose . . .	par Belvedere (1706)	id.
12 d. Red Rose 9ᵉ	par 2ᵉ Hubback (1423)	M. Thos Bates.
13 d. Red Rose 2ᵉ	par His Grace (311)	id.
14 d. Red Rose 1ᵉʳ	par Yarborough (705)	Mʳ C. Colling.
15 d. American Cow	par Favourite (252)	id.
16 d.	par Punch (351)	Mʳ R. Colling.
17 d.	par Foljambe (263)	Mʳ C. Colling.
18 d.	par Hubback (319)	Mʳ John Hunter.

TABLE ALPHABÉTIQUE

<h1 style="text-align:center">TAUREAUX</h1>

Nancy. Imp. Berger-Levrault et Cie

www.ingramcontent.com/pod-product-compliance
Lightning Source LLC
LaVergne TN
LVHW020624200726
843508LV00002B/528